赢在情商

李涵 编著　霍英楠 绘

北方妇女儿童出版社
·长春·

版权所有　侵权必究

图书在版编目（CIP）数据

让孩子赢在情商 / 李涵编著 ; 霍英楠绘 . -- 长春：北方妇女儿童出版社, 2024. 11. -- ISBN 978-7-5585-8884-6

Ⅰ . B842.6-49

中国国家版本馆CIP数据核字第2024XP9184号

让孩子赢在情商
RANG HAIZI YING ZAI QINGSHANG

出 版 人	师晓晖
责任编辑	刘　莉
装帧设计	韩海静
开　　本	710mm×1000mm　1/16
印　　张	8
字　　数	90千字
版　　次	2024年11月第1版
印　　次	2024年11月第1次印刷
印　　刷	三河市南阳印刷有限公司
出　　版	北方妇女儿童出版社
发　　行	北方妇女儿童出版社
地　　址	长春市福祉大路5788号
电　　话	总编办：0431-81629600
定　　价	59.00元

情商，全称"情绪商数"，是一个反映我们情绪管理能力的指数。它不仅是指一个人识别、理解和管理自己情绪的能力，还包括同理心、社交技巧、自我激励等多个方面的内容。

当今社会，情商的重要性日益凸显。情商高的孩子，不仅能够有效地控制、调节自己的情绪，还能敏锐地察觉他人的情绪和需求。这种能力使他们在人际交往中占据优势，能够很好地处理与他人的关系，与他人建立深厚的情感联系，进而赢得他人的信任和尊重。

研究表明，情商高的孩子更具韧性和适应能力，他们在面对挫折和压力时，能够保持冷静和理智，采取积极的应对策略，从而更容易实现自己的目标和梦想。因此，提高自己的情商，对于个人未来发展具有深远的意义。

亲爱的孩子们，本书能够带领你们走进情商的世界。你们会发现，书中的每一个小故事都是生活中的真实情景，可能就在你们身边发生。

通过"情景小剧场"，你们可以看到不同情况下的情感互动，学习如何更好地处理自己的情绪和人际关系。

通过"情商小课堂",你们会看到老师和同学们的对话,深入了解情商的核心要素,学会在生活中应用高情商技巧。

在"情商故事会"中,你们将读到许多历史名人的情商故事,感受到情商的重要性和魅力。

最后的"情商演练场",将为你们提供具体的技巧和练习,帮助你们将所学知识运用于实际生活,让你们的情商在不知不觉中得到提升。

通过阅读本书,你不仅能够理解情商的重要性,更能够在日常生活中实践所学,提升自己的情商。

愿本书成为你们成长道路上的一盏明灯,照亮你们前行的方向。愿每一个孩子都能成为懂得自我调节情绪、善于与他人沟通、具备良好人际关系的高情商人才。

第一章　情商高就是会说话

好意指出朋友的错误，他不理我了 / 002

和新朋友说心里话，他却不在意 / 006

背后议论同学，结果被他知道了 / 010

帮助老师解围，被老师当众表扬 / 014

幽默"神回复"，大家都被逗乐了 / 018

朋友说话时，总是喜欢重复别人的话 / 022

第二章　情商高就是会做人

和朋友想法不一样，跟他吵了一架 / 028

输掉了接力赛，跟我可没关系 / 032

新买的高档运动鞋，我要让大家都看看 / 036

班长很热心，喜欢帮助每位同学 / 040

朋友很聪明，总是把机会留给别人 / 044

朋友总在别人面前夸我，怪不好意思的 / 048

第三章　情商高就是会社交

新同学总是顶撞老师，没人爱跟他玩 / 054
朋友竟然不认同我，我一定要说服他 / 058
我就是开个玩笑，至于这么认真吗 / 062
如果我是他，我可能也会生气的 / 066
承诺过的事，我就一定会做到 / 070
我还没开口，朋友就帮我把问题解决了 / 074

第四章　情商高就是会自知

如果换作是我，一定能拿第一名 / 080
如果不是因为马虎，我一定能考好 / 084
主动说"对不起"，太让人难堪了 / 088
我知道自己不完美，所以才要更努力 / 092
这件事是我错了，下次一定不会再犯错 / 096

第五章　情商高就是会自控

一遇到不顺心的事，我就会发脾气 / 102
朋友总是抱怨，我真替他担心 / 106
我不想失去朋友，所以从不拒绝别人 / 110
学习目标达成，可以跟爸爸去博物馆了 / 114
班长很少说话，却总在关键时刻做决定 / 118

第一章

情商高
就是会说话

情景小剧场 ★

好意指出朋友的错误，他不理我了

这道题这么简单，你怎么也错了呀。

睿睿和轩轩是关系很好的好朋友。前几天班里进行了一场数学测验，睿睿由于粗心大意，做错了好几道题。测验成绩出来后，睿睿的分数比平时低了很多，他的心情顿时变得很糟。

轩轩看到后，立刻跑过去对睿睿说："你怎么这么粗心？这个毛病要改，这些题目这么简单，你怎么能出错呢？"睿睿听后，脸色一下子变得很难看，他不再理会轩轩，独自坐在一旁。

接下来的几天，睿睿对轩轩的态度都很冷淡。轩轩感到很困惑，自己好心提醒睿睿，为什么他会生气呢？

情商小课堂

轩轩只是好意提醒睿睿,为什么睿睿会生气呢?

轩轩的出发点是好的,但他说话的方式太直接,没有考虑到睿睿的感受。在别人情绪低落的时候,直截了当地指出错误,对方受到了批评和否定,很容易产生抵触情绪。

那我们该怎么说才好呢?

在指出别人的错误时,要用一种更温和、更包容的方式来表达。这样,别人才更容易接受我们的意见,而不会感到被冒犯。

总结

　　说话太直接,不考虑别人感受,是一种低情商的表现。高情商的人在交流中会注意方式方法,既能有效传达信息,又不会伤害对方的感情。

善于劝谏的触龙

战国末期,秦国进攻赵国。赵太后向齐国求救,齐国表示愿意援助,但条件是赵国必须派长安君到齐国做人质。赵太后坚决反对,大臣们再三劝谏,赵太后仍不为所动,并表示若再有人提及此事,她将严厉惩罚。

左师触龙得知此事,决定劝说赵太后。他先关心地问候太后的健康,接着,又恳请太后能给自己最小的儿子一个守卫王宫的职位。太后答应了他的请求,并谈到自己对小儿子的疼爱。触龙抓住机会,委婉地说:"父母爱子女,就要为他们考虑长远。如果不让长安君去齐国立功,他将来如何在赵国站稳脚跟呢?"赵太后被触龙的话打动,于是同意派长安君去齐国做人质,齐国也随即派兵支援赵国。

情商演练场

情商小·技巧

❶ 在指出别人错误时，先表示理解和关心，再提出建议。

别灰心，谁都有粗心的时候，改正就好了。

这次吸取教训，下次多注意就可以了。

❷ 多用温和的语气和正面的语言进行沟通，避免直截了当地批评。

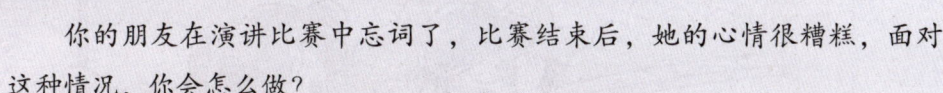

你的朋友在演讲比赛中忘词了，比赛结束后，她的心情很糟糕，面对这种情况，你会怎么做？

A.当众指出她的错误，让她知道自己哪里存在问题。

B.在私下里，先表示理解，然后给出改进建议。

C.不理会她的失误，假装什么都没发生。

D.直接告诉她演讲很糟糕，让她自己好好反思一下。

正确答案：B

答案解析：

在私下里，先表示理解，然后给出改进建议。是一种高情商的表现。这样既能帮助朋友改进，又不会让她感到尴尬或受伤。

情景小剧场 ★

和新朋友说心里话，他却不在意

小苇最近结识了一位新朋友李李。一天放学后，小苇向李李倾诉自己的心事："我最近心情很不好，爸爸妈妈总是吵架，我的考试成绩也一直上不去。"李李安慰了她，听了一会儿，两个人就分开了。

第二天，小苇来到班级，忽然发现大家都在讨论自己爸爸妈妈吵架的事情，不少人还过来安慰小苇不要在意。小苇很生气，觉得李李暴露了自己的隐私，可李李却不以为然地说道："我讲的都是事实呀。"

小苇对李李感到很失望，她觉得李李并没有把自己当作好朋友。

小苇只是想和李李分享自己的心事,为什么李李会不在意呢?

在与新朋友的交往中,过早地分享自己的内心世界,可能会让对方感到压力或不知所措。

那我们该怎么做呢?

在和新朋友相处时,可以先从一些轻松愉快的话题聊起,当彼此关系更加稳固时,再分享一些更私密的事情,这样对方会更容易接受,也更愿意倾听。

总结

　　随便和别人交心是一种低情商的表现。高情商的人在交朋友时会注意分寸,尊重对方。学会把握分享的时机和内容,才能促进更深层次的交流,避免不必要的误解。

交浅勿言深

　　古时候,有一个郎中,姓李,他在城中开了一家药铺,生意很好。一天,一个生了怪病的人找到了李郎中,想要讨几服药来治病。李郎中看了他的情况后,给了他几包药,没几天,那人的病就好了。

　　这位病人非常感激李郎中,亲自登门道谢。李郎中也很高兴,便准备了一些吃的、喝的,像对待老朋友一样招待了他。李郎中趁着酒劲,说起了自己小时候一个当官邻居的趣事,两个人笑得前仰后合。

　　没过多久,李郎中的药铺却突然被官府给查封了。李郎中很奇怪,就去打听是怎么回事。原来,是那个病人把邻居的趣事到处乱说,结果惹了大麻烦。

　　李郎中心里很难过,他后悔自己当初和那个病人还不怎么熟悉,就说了那么多不该说的话。不过,现在后悔也已经来不及了。

情商演练场

情商小技巧

在和新朋友交往时,先从轻松愉快的话题开始,逐步建立信任和理解。

很高兴认识你,你也喜欢这个动画片吗?

我该不该告诉她这件事呢?

随时观察对方的反应,不要过早分享过多的私密信息。

如果你刚认识一位新朋友,你又恰好遇到了一些困难,想和他分享一些自己的烦恼,你会怎么做?

A.立即告诉他所有的心事,希望得到他的帮助。
B.先聊一些轻松的话题,逐步了解对方的兴趣和性格,再说自己的事情。
C.完全不说自己的任何事情,只听对方说。
D.直接告诉对方自己的烦恼,并要求他帮忙解决。

正确答案:B

答案解析:

先聊一些轻松的话题,逐步了解对方的兴趣和性格,然后再找机会诉说自己的烦恼,可以让对方感到舒适和尊重,是一种高情商的表现。

情景小剧场 ★

背后议论同学，结果被他知道了

这天，午休时间，小京和几个同学聚在一起聊天儿。大家一开始还在讨论自己爱看的动漫，后面就开始讨论班上的其他同学。正聊得起劲时，小京提到了自己的同桌原原："他上课总是举手发言，怪积极的，显得那些问题就他知道答案。"其他几个同学并没有接话，但小京还是一个劲儿地追问大家。

正巧，原原路过听到了这番话。但他什么也没说，默默地离开了。小京并没有意识到问题的严重性，直到下午，原原对她的态度变得冷淡，也不再和她说话，她才意识到自己说原原坏话时被他听到了。

他这个人……

 小京并没有说太过分的话,为什么原原会生气呢?

 这是因为小京背后议论原原,伤害了原原的自尊心。

 我们应该怎么避免这种情况呢?

我们要学会尊重每个人的优点和缺点,避免在背后议论别人。如果对某些行为有意见,可以选择在合适的场合和对方沟通,表达自己的看法,而不是在背后议论他。

 总结

　　背后议论别人是一种低情商的表现。高情商的人懂得尊重他人的感受,不会在背后说别人的坏话,而是会在适当的场合表达自己的看法。这样不仅能维护良好的人际关系,也能赢得别人的尊重。

情商故事会

背后议论人的子贡

孔子的学生子贡是一个非常聪明且受人尊敬的人。他经常与人讨论学问和道德问题。有一次，子贡在与朋友们的闲聊中议论起某位同僚的缺点。孔子得知此事后，特意找子贡谈话。

孔子平静地对子贡说："我们应该更多地反省自己，而不是花时间去议论别人的不足。"

孔子的意思是作为学生的子贡不应该浪费时间去评判别人，而应该更多地关注自己的不足并加以改进。

通过孔子的教诲，子贡明白了背后议论别人是一件不好的事。这之后，子贡更多地关注起自己的言行来。

情商演练场

情商小技巧

1 在谈论他人之前，先想一想如果这番话被当事人听到会有什么感受。

不能说别人的坏话。

我感觉，有个地方你可以再改进一点点。

2 如果对某人有意见，可以直接向他本人提出建议，而不是在背后议论。

如果你发现有一些同学在背后议论某个同学的行为，你恰好也对这个同学的行为有意见，你会怎么做？

A. 立刻加入，和其他同学一起议论他的缺点。

B. 直接在公共场合批评他，希望他能好好改正。

C. 找一个合适的机会，私下和他沟通，表达自己的看法。

D. 假装什么都没有听到，转身就去告诉被议论的同学。

正确答案：C

答案解析：

找一个合适的机会，私下和他沟通，表达自己的看法。既能顺利解决问题，又能维护同学间的友谊。

情景小剧场 ★

帮助老师解围，被老师当众表扬

在一次班会上，班主任王老师正在给同学们讲解班级活动的安排。突然，有位同学站起来问："老师，为什么咱们班的活动总是那么无聊？"王老师一时语塞，现场气氛变得有些尴尬。

这时，小齐迅速站起来，笑着说："老师，其实我觉得上次的运动会就很有趣。我们要不要也像上次那样，在活动中加入一些团队游戏？"

听了小齐的话，王老师微笑着说："小齐的建议很好，大家可以一起想想。"听了王老师的话，大家立刻针对班会活动热烈讨论起来。王老师看了小齐一眼，两个人会心一笑。

情商小课堂

为什么说小齐巧妙地帮老师解围了呢？

因为小齐及时发现了现场的尴尬气氛，还用恰当的方式引导话题，让班会的气氛变得轻松愉快。

那我们应该怎样培养这种能力呢？

首先，要时刻关注周围的情境，敏锐地察觉到可能出现的尴尬局面。其次，要学会用积极的的语言引导话题。最后，要多练习，积累经验。

总结

高情商的人能够敏锐地察觉到现场的气氛变化，并用合适的语言和行为化解尴尬。这不仅能帮助他人，也能提升自己的沟通能力和人际关系。通过练习和积累经验，我们就可以提高这方面的能力。

情商故事会

会答话的韩信

韩信是汉朝开国名将之一，他不仅很有军事才能，还具有极高的情商。有一天，刘邦问韩信："你看像我这样的水平，能带多少兵啊？"韩信回答得很直接："陛下，您嘛，勉强能带十万吧！"刘邦听了笑着问："那你呢？"韩信回答："我多多益善哪！"刘邦笑得更灿烂了："既然你这么厉害，怎么还屈居在我之下呢？"

听了刘邦这话，韩信心中一惊。他明白这个问题回答不好可能会引起刘邦的猜忌，于是，他巧妙地回答："陛下，您擅长的不是带兵，而是带将啊！您是天生的帝王，我这种人能为您卖命就很荣幸了。"

韩信的回答不仅避免了惹祸上身，还巧妙地赞美了刘邦，缓解了潜在的危机。刘邦听后十分满意，对韩信的回答赞赏有加。

情商演练场

情商小技巧

1. 搭话要选择适当的时机,这样才能化解困境,否则只会适得其反。

他们有点儿冷静了,我可以去调节一下气氛。

2. 多与人交流,听取反馈意见,这样才能更好地提高自己的搭话和打圆场能力。

我最近有没有说过让你不高兴的话?

在课上,如果老师被同学的尖锐问题难住了,一时给不出答案,你会怎么做?

A.默不作声,等老师自己解决。
B.直接站起来指出老师的问题。
C.举手提出自己的想法,缓解现场的尴尬气氛。
D.跟同学一起起哄。

正确答案:C

答案解析:
这种时候,如果能提出一个建设性的想法,便可以有效缓解现场的尴尬,这样既能帮助老师解围,也能为同学解惑,是一种高情商的表现。

情景小剧场 ★

幽默"神回复",大家都被逗乐了

如果现实总是那么符合我们的期待,那我们还怎么做梦呢?

语文课上,老师让同学们分享自己在假期中读过的书。小谷第一个站起来,兴致勃勃地讲述了自己读过的一本科幻小说。讲到精彩部分时,小谷突然停顿了一下,有点儿不好意思地说:"这本书的情节有点儿离奇,可能不太符合现实。"

就在大家开始窃窃私语的时候,翔翔举手说道:"如果现实总是那么符合我们的期待,那我们还怎么做梦呢?"大家听了都哈哈大笑。小谷也重新振作精神,继续分享他的读书心得,整个课堂的气氛也变得轻松愉快了。

情商小课堂

翔翔的回答为什么能起到这么好的效果呢?

因为他使用了幽默的语言,既缓解了现场的紧张气氛,又没有让小谷觉得尴尬。

那我们怎样才能像翔翔那样用幽默的语言沟通呢?

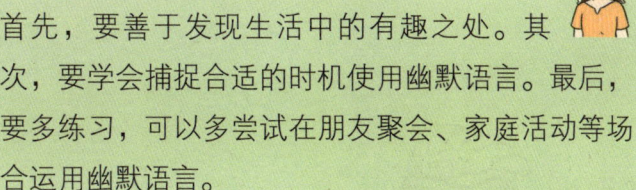
首先,要善于发现生活中的有趣之处。其次,要学会捕捉合适的时机使用幽默语言。最后,要多练习,可以多尝试在朋友聚会、家庭活动等场合运用幽默语言。

总结

　　高情商的人能够通过幽默化解尴尬,拉近人与人之间的距离,营造轻松愉快的氛围。不过,要想熟练运用幽默语言,则需要时间和实践去慢慢培养。

情商故事会

聪明幽默的东方朔

东方朔是汉武帝时期的一位谋士。有一次,汉武帝和东方朔一起去上林苑游览,看到了一棵茂盛的大树。汉武帝好奇地问:"这棵树叫什么名字?"东方朔回答:"这树叫'善哉'。"

汉武帝听后,偷偷派人把树的枝干都砍掉了,还在树上做了个记号。两年后,他们再次路过这棵树,汉武帝故意问东方朔:"这棵树叫什么名字?"东方朔看了看树,然后回答:"这树现在叫'瞿所'。"

汉武帝一听就生气了,说:"两年前你告诉我这树叫'善哉',现在怎么又变成'瞿所'了?"

东方朔笑着说:"陛下,马小时候叫驹,长大了才叫马;鸡小时候叫雏,长大了才叫鸡;牛小时候叫犊,长大了才叫牛。这棵树也一样,它也会随着时间变化而变化。"汉武帝一听,觉得东方朔说得很有道理。

情商演练场

情商小·技巧

❶ 平时注意观察，善于发现并积累生活中的幽默点。

快看，那个像不像中午我们吃的果冻？

这个故事可以记下来，讲给大家听。

❷ 通过阅读幽默书籍、观看喜剧节目等方式，来提高自己的幽默感。

如果在课堂上，有一位同学说了个并不好笑的冷笑话，导致气氛有点儿尴尬，你会怎么做？

A.大声嘲笑那位同学的笑话有多冷。

B.默不作声，等气氛自然恢复。

C.用幽默的发言转移大家的注意力，缓解尴尬气氛。

D.跟其他同学一起起哄，让那位同学更尴尬。

正确答案：C

答案解析：

当你巧妙地用一句笑话或者一个诙谐的比喻来打破僵局，那现场的气氛就像是被吹散的泡泡，变得轻松又愉快。所以，别小看幽默的力量，它不仅能缓解尴尬的气氛，还能让大家笑得更开心。

情景小剧场

朋友说话时，总是喜欢重复别人的话

在一次小组讨论会上，敏敏兴致勃勃地说："这次的科学实验，简直太有趣了！特别是化学反应那瞬息万变的过程，看得我目不转睛。"

坐在她旁边的小岩也点了点头："没错，科学实验的魅力就在于此，尤其是化学反应的神奇过程。那么，你觉得其中哪一部分最吸引你呢？"

被小岩这么一问，敏敏更加兴奋了，她笑着说："我最喜欢的是颜色变化的部分，简直就像魔法一样！"

小岩继续说道："你说得对，颜色变化确实是化学反应中的一大亮点，这背后隐藏着无数的奥秘。"

这个五颜六色的真漂亮，我喜欢化学。

是呀，五颜六色的，真漂亮。

小岩为什么总是重复别人的话呢？

小岩通过重复别人的话，表示他在认真聆听对方的观点。这种沟通方式，就像是在告诉大家："你的话语，我认真听了，你的观点，我在仔细思考。"

那我们在与别人沟通时也要经常重复别人的话吗？

不需要每句话都重复，只要选择合适的时机，重复对方话语的重点就可以了。能让对方感受到你的用心，就足够了。

重复对方的话能有效地表达认真倾听、尊重他人的态度。通过这种方式，我们可以更好地理解对方的观点，也能促进彼此的沟通和信任。

能言善辩的晏子

一天,齐景公的爱马突然暴毙,他愤怒至极,下令要将养马人处以极刑。晏子迅速走上前,问齐景公:"大王,您知道尧舜时代是如何处置犯人的吗?"齐景公随口答道:"尧舜总是从自身找原因。"晏子听后接着说:"那么,大王是否也应该从自身寻找这次事件的原因呢?"

齐景公明白晏子的话有道理,但仍想要惩罚养马人。于是,晏子开始重复养马人的罪状,称他没有管好马匹,还让齐景公被天下人误会喜好杀生,晏子的话让养马人深感愧疚,也让齐景公意识到了自己身上的问题。齐景公沉思片刻后说道:"既然你已认识到自己的错误,我就不再处罚你了。但你必须以此为戒,以后更加尽心尽力地照顾马匹。"就这样,在晏子的机智帮助下,一场即将发生的悲剧被化解了。

情商演练场

情商小技巧

1. 在与人交流时，集中注意力，认真聆听对方的每一句话。

你说得对，我也这么认为。

2. 用自己的话重复对方的观点，确认自己理解是否正确。

应该先搬箱子，再去布置现场，我也这么想！

如果你的朋友正在和你分享一个他认为很重要的经历，你为了表示自己认真聆听了他的话语，你应该怎么做？

A.等他讲完，再说自己的事。

B.打断他，告诉他自己的看法。

C.先重复他的话，再表达自己的看法。

D.默不作声，只点头表示同意。

正确答案：C

答案解析：

当别人分享他们的想法时，如果你能先重复他们的话，再聊聊你的看法，那你简直就是情商高手！这样，你的朋友们会觉得你很懂他们，你们之间的沟通也会变得更顺畅、更有趣。

第二章

情商高
就是会做人

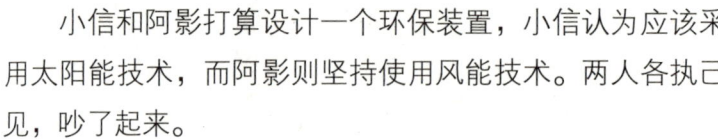

情景小剧场

和朋友想法不一样，跟他吵了一架

小信和阿影打算设计一个环保装置，小信认为应该采用太阳能技术，而阿影则坚持使用风能技术。两人各执己见，吵了起来。

几天后，小信冷静下来，主动找阿影谈话，他说："争吵不能解决问题，我们都是为了项目能够更好，不如试试把两种技术结合起来，也许会有更好的效果。"阿影点点头说："好吧，我们一起试试看。"

通过合作，他们最终设计出了一个既结合太阳能又利用风能的环保装置，得到了老师和同学们的高度评价。

情商小课堂

老师，小信为什么说争吵其实没法真正解决问题呀？

争吵只会让人们更加固守自己的小天地，听不进别人的声音，又怎么能携手找到出路呢？

那要是大家意见不合，我们该怎么办呢？

这倒也不难。第一步，先把自己的耳朵打开，听别人怎么说，别急着反驳。第二步，试试看能不能在双方的观点里找到一些共通的东西，一起找个更好的答案。最主要的是心要放宽。

总结

情商高的人知道怎样在分歧中找到共识，心里能装下不同的声音。多一分理解，少一分争吵，就能更和谐地找到解决问题的金钥匙啦！

大度宽容的蔺相如

渑池会盟后,蔺相如因功被赵王擢升为上卿,地位超越了大将军廉颇。这让廉颇心生不满,他觉得自己的赫赫战功竟比不上一个文臣的口舌之功,于是扬言一旦遇见蔺相如,定要让他难堪。

消息传入蔺相如耳中,他却选择主动退让,总是避开与廉颇的正面相遇。他的门下询问缘由。蔺相如解释说:"秦国之所以忌惮我们赵国,正是因为有我与廉将军。我们的争斗,只会削弱国家的实力。因此,私人恩怨在国家利益面前显得微不足道。"

这番话最终传到了廉颇的耳中,他深感惭愧。为表悔意,他脱去上衣,背负荆条,亲自到蔺相如的府邸去请罪。他坦言自己心胸狭隘,表示今后将放下私怨。自那以后,廉颇与蔺相如携手并肩,共同捍卫赵国的安宁。

情商演练场

情商小技巧

1. 在与他人意见不一致时,先认真倾听对方的观点,了解对方的立场和理由。

"原来他是这样想的。"

"咱们的想法其实差不多,只是有一点儿区别。"

2. 尝试找到双方意见中的共同点,结合各自的优势,寻找更好的解决方法。

如果你和朋友在一个问题上意见不一致,你会怎么做?

A.坚持自己的观点,不接受对方的意见。

B.立即反驳对方的观点,证明自己是对的。

C.认真倾听对方的意见,寻找共同点。

D.放弃自己的观点,完全接受对方的意见。

正确答案:C

答案解析:

认真聆听对方的每一个字词,是对他人的尊重。在倾听中探寻共鸣,找到彼此心灵的契合点,然后尝试将双方的闪光点巧妙地融合在一起,就是解决这一问题的最佳方法。

情景小剧场 ★

输掉了接力赛，跟我可没关系

在运动会上，小麦所在的班级参加了接力赛。比赛过程紧张又刺激，观众们的欢呼声此起彼伏。然而，就在决定胜负的关键时刻，作为第四棒的小麦，在接棒时却不小心手滑，导致接力棒落地。她赶忙捡起接力棒，继续向前跑，但最终她所在的班级依然痛失奖牌。

赛后，小麦垂头丧气地说："都怪接力棒太滑了，害我没接住。"听到这话，一些同学忍不住当场说道："小麦老是这样，一遇到问题就找借口。"班级气氛顿时变得沉重，原本的和睦团结也蒙上了一层阴影。

情商小课堂

老师,小麦推卸责任,大家为什么都不高兴了呢?

推卸责任的行为就像小孩子玩捉迷藏,如果只想藏,不想找,大家会觉得你是个没有担当的人。

那如果碰到这种事情,应该怎么办呢?

首先,要承认自己的错误,勇敢承担责任才会受人欢迎。其次,要想办法弥补,让大家看到你的担当。

总结

推卸责任不是什么明智之举,真正情商高的人,会勇敢地承担责任,从失败中吸取教训,一步步走向成功。

情商故事会

有担当的曹操

在讨伐张绣的行军中,曹操领兵穿越一片麦田。他严令兵士,不得践踏麦田,违者斩首。士兵们纷纷下马,小心翼翼地扶着麦秆,一个接一个地走,无人敢越雷池一步。百姓们见状,纷纷称颂曹操治军有方,有的甚至跪地感谢,曹操见此情景十分满意。

然而,正当他得意时,意外却突然降临。曹操骑马前行时,一只鸟从田野骤然飞起,惊了他的马。马受惊冲入麦田,瞬间践踏了一片金黄的麦地。曹操立刻要求执法官定自己的罪,但执法官拒不从命。深感愧疚的曹操欲举刀自尽,被众人及时劝阻。最后,他挥剑割断自己的长发,沉声说:"既如此,我以断发代首,以示惩戒。"这一幕,深深地印在了在场的每一个人心中。从此,曹操的威名和声誉在民间更加远扬。

情商演练场

情商小技巧

1 出现问题时先别急着推卸责任,要让大家明白你不是逃避责任的人。

抱歉,因为我没发挥好,我们才输掉了比赛。

2 积极寻找弥补过失的方法,重新获得大家的信任。

昨天劳动比赛输掉了,我要弥补错误。

如果你在团队合作中不慎出现了失误,影响了团队的成绩,你应该怎么做?

A.赶紧找个"替罪羊",把责任都推给别人。
B.承认错误,然后什么都不做,任由问题继续存在。
C.勇敢地站出来,承认失误,并积极寻找解决问题的方法。
D.像个鸵鸟一样,把头埋进沙子里,希望没人注意到自己。

正确答案:C

答案解析:

只有勇敢承认错误,并积极主动地探寻解决之道,才是真正的智者所为。这样的态度不仅能迅速化解困境,更能在团队中树立起你的威望,让大家看到你的担当。

情景小剧场

新买的高档运动鞋，我要让大家都看看

显摆什么呀。

赫赫新买了一双高档运动鞋，他觉得这双鞋简直就是他的面子担当。于是，他每天都踩着这双新鞋，趾高气扬地去上学。

放学铃声一响，赫赫就迫不及待地冲到篮球场，找到那群正在打篮球的同学，得意扬扬地大声宣布："瞧瞧，我这双鞋可是最流行的款式，我爸花了好几千给我买的呢！"大家匆匆一瞥，眼中闪过一丝羡慕，但更多是对赫赫炫耀行径的不屑。

没过几天，赫赫就察觉到同学们开始有意无意地回避他。这时，他才明白，原来自己的炫耀行为已经招来了大家的反感。

情商小课堂

赫赫炫耀新鞋,怎么会让大家对他产生反感呢?

炫耀往往给人一种自吹自擂的感觉,这会让别人觉得不舒服,感觉你不尊重他们的感受。

那该怎么做才能既展现自己,又不显得张扬呢?

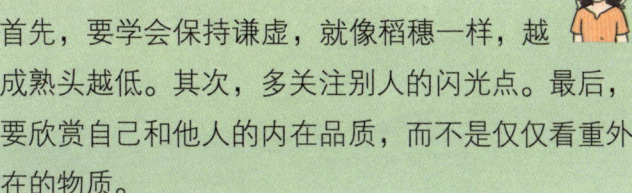
首先,要学会保持谦虚,就像稻穗一样,越成熟头越低。其次,多关注别人的闪光点。最后,要欣赏自己和他人的内在品质,而不是仅仅看重外在的物质。

总结

炫耀可能暂时吸引眼球,但长远来看,只会让人敬而远之。真正情商高的人,懂得在低调中展现自己,用实际行动和内在品质去赢得他人的认可和尊重。

爱炫富的石崇

石崇是西晋时期的豪绅,以财富雄厚闻名。为了提高自己的社会地位,石崇常常与权贵王恺和富豪羊琇进行斗富比赛。

王恺是晋武帝的舅舅,一日,晋武帝赐予王恺一株稀世珊瑚树,意在让王恺在斗富中羞辱石崇。于是,王恺得意地带着这株两尺高的珊瑚树,到石崇家去炫耀。

石崇见状,不动声色地拿起铁如意,一挥之下,将珊瑚树击得粉碎。面对惊愕的王恺,他轻描淡写地说:"别急,我赔你个更大的。"接着,下人抬来一株更为壮观、华美的珊瑚树,王恺羞愧难当,只得匆匆离去。

尽管石崇在斗富场上风头无两,但他的奢靡与炫耀却招来了无数嫉妒与敌视。最终,在八王之乱的政治风波中,他失去了官职,被判处死刑,他的家族也受到牵连,失去了全部财富。

情商演练场

情商小技巧

❶ 多想想自己的言行是否让别人感到不舒服,尽量避免引起他人的嫉妒或反感。

❷ 学会在心里为自己拥有的东西感到自豪,而不是通过别人的认可来获得满足。

假如你入手了一件心仪已久的新宝贝,你会怎样向外界展示你的激动之情呢?

A.逢人就炫耀,恨不得全世界都知道你的新宝贝。

B.把它藏在家里,独自欣赏,生怕别人知道后会抢走你的宝贝。

C.偶尔在闲聊中提及,但绝不刻意炫耀。

D.把它藏得密不透风,绝对不让任何人窥见你的宝贝。

正确答案:C

答案解析:

偶尔提及新宝贝,但绝不刻意炫耀,这样做不仅分享了自己的喜悦,还避免了让人觉得你在炫耀,你可真是个情商高手!

情景小剧场 ★

班长很热心，喜欢帮助每位同学

班长的热心助人在班级里是出了名的。当同学们在学业上遇到难题时，她总是毫不犹豫地伸出援手。无论是复杂的数学题，还是难理解的古诗，班长都能深入浅出地讲解，直到教会大家为止。在班长的帮助下，许多同学的成绩都有了提升。

而班长的善良与体贴，不仅仅体现在学习上。哪怕是同学不小心掉了一支铅笔，班长也会迅速帮忙捡起，微笑着递还。这看似微不足道的举动，却如同一股暖流，流淌在同学们的心中。也正因如此，班长拥有着极好的人缘。

 老师，班长的人缘为什么那么好呢？

 班长用行动让大家感受到了她的温暖和真诚，同学们都喜欢她，她的人缘自然就好。

 那我们该怎么做才能更好地给予他人温暖呢？

 首先，你要学会细心观察，去体会他人的需求和感受。其次，不妨从小事做起，用你的行动去表达那份关心。最后，真诚是通往他人心灵的最短路径，用你的真心去待人，别人自然能感受到你的温暖。

总结

情商高的人，总能用一些看似微小的举动传递爱心与善良，让身边的人感到温暖和快乐。

积德行善的魏颗

公元前594年,秦桓公率兵攻打晋国,晋秦两军在辅氏交战。晋将魏颗与秦将杜回鏖战正酣,胜负难分。突然间,一老者用草绳绊倒杜回,魏颗趁机将杜回擒获,从而大败秦军。

晚上,魏颗梦中与老者相遇。老者自称是魏颗所救女子的父亲,此次特来报恩。原来,魏颗之父魏武子曾有一爱妾,魏武子生病时,嘱咐魏颗为她找个好归宿,但魏武子病重临终时又改口让她陪葬。魏颗虽口头答应,最终却选择遵从父亲最初的遗愿,将她嫁了出去。

面对质疑,魏颗坦言:"病重之人,神志难免混乱。我遵循的是父亲清醒时的嘱托,这才是真正的孝顺。"魏颗的善举,不仅救了一个无辜的生命,更在战场上获得了意外的助力。他的行为彰显了深厚的人情味和高情商,让人敬佩。

情商演练场

情商小技巧

1 在同学有需要时主动提供帮助，比如在他们忙碌时帮忙买午餐，或者在他们不舒服时关心问候。

是不是没吃午餐？我这里有面包。

生日快乐，送你一份小礼物。

2 在特别的日子，送上一点儿小礼物，如一张贺卡、一支笔，表达你的关心。

如果你想增进与同学之间的感情，跟同学们更亲近，你会怎么做？

A.避免与同学过多交流，保持自己的独立空间。

B.经常与同学互动，分享生活趣事，分享零食。

C.仅仅在学业上需要帮助时，才与同学进行沟通。

D.总是向同学寻求帮助，但很少主动提供帮助或回报。

正确答案：B

答案解析：

主动关心同学，分享零食或者热心地帮助同学，都能让你们的关系更加紧密。这样不仅能加深感情，还能让大家觉得你是个值得交往的好朋友。

情景小剧场 ★

朋友很聪明，总是把机会留给别人

周五午后，班里举办了一场科学实验比赛。小美是班里的科学小天才，每次实验都游刃有余。然而这次，她竟然没有亲自上阵，而是担任起了助理的角色，在一旁悉心指导小组成员们。

在小美的引领下，小组成员如同精密的齿轮，各司其职，有条不紊地进行着每一个实验步骤。虽然他们并未拔得头筹，但每个人的脸上都洋溢着自豪与喜悦。

赛后，同学们问小美为何不直接参与实验，她笑着说："实验的乐趣在于探索与实践，我希望我们都能在这个过程中共同进步。"

为什么小美不自己动手做实验,反而要指导大家做实验呢?

小美的做法是一种"大智若愚"的智慧。她不直接展示自己的才能,而是鼓励同学们自己动手,不仅能让大家学到更多知识,也可以增强团队的凝聚力。

但是这样做,让她失去了第一名,值得吗?

当然值得!相较于比赛名次,与大家的友谊显然更重要。

总结

高情商的人懂得适度隐藏自己的才能,给他人展示自己的机会,从而促进团队合作和个人成长。通过这样的方式,不仅能增强团队的整体实力及凝聚力,还能让每个成员都感受到被尊重的喜悦。

情商故事会

大智若愚的王翦

战国末期,秦王下令王翦将军挂帅出征。临行前,王翦向秦王提出了一个出人意料的请求——赐他良田美宅,为子孙置办家业。秦王疑惑地问:"大敌当前,你怎会有此念头?"王翦解释道:"我深知功成名就后封侯之难,因此想为子孙留些基业。"秦王听后大笑,欣然应允。

王翦率军行至潼关时,再次派人向秦王请求更多田地。此举令其心腹忧虑,担心引起秦王的猜疑。王翦对他们说:"我并非真的贪图田地,而是为了消除秦王的顾虑。如今他将军国大权交付于我,难免心神不安。我频繁请求赏赐,表面为子孙谋福利,实则是为了让秦王放心,确信我无二心。"

王翦的智谋果然奏效,不仅消除了秦王的猜疑,巩固了他在军中的地位,还维护了君臣间的信任,真可谓一举多得。

情商演练场

情商小技巧

1 在团队活动中,多鼓励和支持他人,给予他们展示自己的机会。

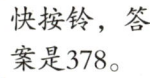
快按铃,答案是378。

要是有更容易的办法就好了。

2 学会适度隐藏自己的才能,避免给他人带来压力,给自己带来麻烦。

在小组活动中,如果你已经知道如何解决问题,为了让大家都能有参与感,你应该怎么做?

A.马上告诉大家正确答案,争取成为小组的领导者。
B.先观察同学们的做法,再适时给予指导和建议。
C.整个过程中都不发表意见,避免显得自己太过突出。
D.一直表现自己,不顾他人感受。

正确答案:B

答案解析:
先观察同学们的做法,再适时给予指导和建议,既能帮助大家解决问题,又能让他们学到更多知识,增强团队凝聚力。这是一种高情商的表现。

情景小剧场 ★

朋友总在别人面前夸我，怪不好意思的

最近，天天发现好朋友珊珊总爱在众人面前夸奖他，这让天天既害羞又感动。

终于有一天，天天按捺不住好奇心，向珊珊询问原因。珊珊笑着说："我只是实话实说，而且这样大家能更了解你，更愿意和你交朋友哇。"

天天顿时领悟，原来珊珊的赞美不仅让他心里美滋滋的，还能拉近自己与别人之间的距离。于是，天天开始效仿珊珊，不吝啬对身边人的赞美。很快，他就发现，这种正能量的传递不仅让他人感到愉悦，自己也倍感快乐。

情商小课堂

老师，珊珊怎么老是夸天天？

珊珊懂得夸赞的力量。你夸夸别人的好处，不仅让对方心里美滋滋的，觉得自己被大家看到了、认可了，还能让大家的关系变得更加融洽。

原来夸赞有这么大的魔力呀！那我们该怎么夸人呢？

要夸人，首先你得有双发现美的眼睛，看看别人哪些地方做得好。其次，你要真心实意地去夸人，别让人觉得你是在说假话。最后，找个合适的时机，大大方方地夸奖对方，让人家知道你是真心的。

总结

情商高，就是会夸人。你看珊珊，夸得天天乐呵呵的，大家的关系也更融洽了。所以说，想要人缘好，学会夸赞少不了！

情商故事会

会夸人的大臣

在秦国的宫殿上,秦昭王与大臣中期展开了一场激烈的争论。秦昭王本以为自己能轻松占据上风,然而事实却出乎他的预料,他被中期辩得哑口无言、理屈词穷。秦昭王的脸色变得阴沉,然而,中期并未因此而畏惧,反而从容地离开了朝堂。他的这一举动,无疑更加激怒了秦昭王。

就在此时,有一位大臣站了出来,为中期辩解。他说:"中期真是个直言不讳的忠臣,但更重要的是,他知道陛下您是个贤明的君主,能够明辨是非,容纳忠言。正是因为有您这样的明君,中期才敢直言进谏,而不担心因言获罪。如果他生在夏桀、商纣那样的暴君时代,恐怕早已因为直言而遭遇不幸了。"

这番话如同一阵清风,瞬间吹散了秦昭王心头的怒火。他没有责怪中期,反而还重赏了这位仗义执言的大臣。

情商演练场

情商小技巧

1 平时多观察身边的人,发现他们的优点和长处,记住这些细节,然后在合适的时机,真诚地表达对别人的赞美。

她真的好厉害,我也要像她一样自信。

2 在取得成绩时,不忘感谢和表扬团队成员,让他们感受到你对他们的认可和尊重。

多亏了老师和我的队友,他们给了我很大的帮助。

如果你发现同学在某方面表现出色,你会怎么做?

A.什么也不说,默默放在心里,怕他尾巴翘到天上去。

B.大声嚷嚷,恨不得全世界都知道他的厉害。

C.告诉他你有多佩服他,然后等到小组讨论或者班会时,再不经意地夸一下。

D.我就告诉老师,其他同学们都不告诉。

正确答案:C

答案解析:

私下里先给他点个赞,让他知道你有多欣赏他,然后在合适的场合,轻描淡写地提及,既不显得刻意,又能让大家都了解到他的才华,人际关系自然也就水到渠成啦!

第三章

情商高
就是会社交

情景小剧场 ★

新同学总是顶撞老师，没人爱跟他玩

老师，你说的情况太绝对了吧！

新学期开始，班里来了一位新同学小杰。他聪明机灵，思维敏捷，总能迅速理解新知识。然而，小杰却有一个不太好的习惯：他总是顶撞老师，每次老师讲课时，他都会提出各种质疑，甚至在课堂上公开反驳老师。小杰认为这样可以表现自己的聪明才智，赢得同学们的尊重。

然而，事情并没有按小杰的预想发展。同学们看到小杰总是顶撞老师，觉得他不尊重老师，渐渐地，大家都开始疏远他，不愿意和他一起玩。小杰感到非常孤独，不明白自己做错了什么。

情商小课堂

老师，大家为什么不喜欢小杰了呢？

小杰总是顶撞老师，让大家觉得他对师长不够尊重。

那我们应该怎样学会尊重他人呢？

首先，要当个好听众，别人说话时，我们静静地听，不去打断。其次，想发表意见时，要温言细语，别让人家觉得被冒犯了。最后，试着站在别人的角度，体会他们的心情和难处，再想想自己该怎么做。

总结

尊重他人是一种高情商的表现。情商高的人，既能在合适的时候说出自己的想法，又能照顾到别人的感受，这样才能在人际交往中游刃有余，赢得大家的喜欢和尊重。

尊敬师长的杨时

杨时是北宋时期的杰出学者,他不仅对史学有着深厚的造诣,还擅长诗文创作。年少时,他便考中进士,本可以步入仕途,他却选择继续追求学术之路,毅然放弃了做官的机会。

为了更深入地钻研学问,他前往河南,向程颢、程颐两位理学大师求教。一天,他与同门游酢一同前往拜访程颐。到达时,却发现程颐正在屋内打盹儿。他们不愿打扰程颐,但又渴望得到指点,于是便在门外静候。

不料,天空突然飘起大雪,寒风凛冽,但他们依旧守在门外。随着时间的流逝,积雪逐渐增厚,终于,程颐结束了打坐,走到门口,惊讶地发现他俩站在门口,脚下的积雪已深达一尺。程颐被他们的诚意深深打动,立刻将他们迎入屋内,耐心解答了他们的疑惑。

情商演练场

情商小技巧

❶ 在他人表现出色或做出贡献时，及时给予肯定。

你真棒！

请帮我拿一下好吗？谢谢。

❷ 平时多使用礼貌用语，如"请""谢谢""对不起"等，表达对他人的尊重。

在课堂上，如果你不同意老师的观点，你会怎么做？
A.一跃而起，在课堂上放开嗓门和老师大声争辩。
B.课后找个安静的角落，与老师一对一深入聊聊。
C.课后聚集同学们，当众指出老师的错误。
D.默不作声，完全不表达自己的意见。

正确答案：B

答案解析：

课后与老师私下交流，这样既能够充分表达你的见解，又避免了在课堂上直接反驳老师，造成尴尬或不必要的冲突。这种方式展现了你的成熟，同时也更能促进与老师的深入沟通和对问题的有效解决。

情景小剧场

朋友竟然不认同我，我一定要说服他

远远和小白是好朋友，他们经常一起讨论各种问题。有一天，他们在讨论最新的游戏时，小白认为某个角色特别厉害，而远远却觉得另一个角色更好。两人各执己见，争论不休。小白不断地举出各种理由，试图说服远远改变观点，但远远始终坚持自己的看法。

争论结束后，远远感到有些不开心，觉得小白不尊重自己的意见。小白也有些生气，认为远远太固执，不愿意接受他的观点。于是，两人都不再愿意继续讨论，气氛也变得有些尴尬。

 老师，他们两人本来在讨论问题，怎么最后都气呼呼的呢？

 总想着说服别人接受自己的观点，其实是一种低情商的表现。这样做别人会觉得你根本不在乎他们的感受。

 那么遇到别人有不同意见时，我们该怎么办呢？

如果别人跟你的想法不同，你应该先静下心来听听对方怎么说，别只想着争个高低。然后，你还可以试着找找你们的想法有没有共通的地方，而不是非要对方听你的。

尊重别人不同的声音，这才是情商高的表现。多听、多理解、少争辩，这样大家才能和和气气，不伤感情。

劝谏失败的伍子胥

伍子胥原本出身楚国名门,他的父亲伍奢是楚国的太傅。可是,因为被坏人诬陷,他的父亲被楚平王杀害。伍子胥逃到了吴国,成为吴王阖闾的亲信大臣。在伍子胥的帮助下,吴国很快变得强大起来。

吴王阖闾过世后,伍子胥继续辅佐阖闾的儿子夫差。他曾多次提醒夫差要小心勾践,但夫差没听进去,他更想攻打中原。后来,夫差听信伯嚭的谗言,误以为伍子胥想背叛他,最后命令伍子胥自杀。

伍子胥死后,吴国对越国的防备渐渐松懈。九年后,越国趁吴国没有准备,突然袭击,打败了吴国。就像伍子胥预言的那样,吴国真的灭亡了。

情商演练场

情商·小·技巧

1. 面对不同意见时,保持开放的心态,不急于反驳,而是先思考对方的观点。

> 他的话有道理吗?

2. 即使不同意对方的观点,也要尊重对方,避免使用强硬的语气或贬低的言辞去指责对方。

> 虽然我不同意,但我尊重你的看法。

如果你的朋友在讨论中一口咬定自己的看法才是真理,你该如何应对?
A.强烈反驳,坚决捍卫自己的观点。
B.心里坚持己见但嘴上不说。
C.分析他的观点,搜寻与自己想法的契合之处,看看能否找到共鸣。
D.直接结束讨论,避免引发冲突。

正确答案:C

答案解析:

通过深入分析朋友的观点,你不仅能够更好地理解他的立场,还能寻找共同点,这有助于建立更深层次的理解。这种方法既避免了直接冲突,促进了和谐的人际关系,同时也保留了你表达自己观点的机会。

情景小剧场

我就是开个玩笑，至于这么认真吗

欢欢平时很喜欢拿同学们的事情开玩笑。一次，他突然对小齐说："你怎么又穿那双旧鞋来了？真是太土了！"周围的同学们都笑了，小齐的脸色变得很难看。下课后，小齐没有像往常一样和大家一起玩，而是一个人静静地坐在教室里。

欢欢走过去对小齐说："我只是开个玩笑，至于这么认真吗？"小齐委屈地说："你可能觉得是个玩笑，但对我来说，这让我很难受。"欢欢听后也愣住了，他确实从来没有意识到，自己的玩笑会给别人带来这样的伤害。

 老师，欢欢只是开个玩笑而已，小齐为什么会这么生气呢？

 有些玩笑，在你眼里是小打小闹，但对别人来说，就像被戳到了痛处一样。

 那么我们怎么学着去尊重别人的感受呢？

开玩笑前，先在心里掂量掂量，这话会不会让人家心里难受。平时，还要多留心别人的心情和想法，别去揭人家的伤疤。要是不小心玩笑开过了，赶紧说声"对不起"，下次别再犯同样的错误。

总结

要知道，乱开玩笑可是情商低的表现，情商高的人，懂得照顾别人的情绪，不会用玩笑去戳人痛处，这样才能与大家和睦相处。

情商故事会

爱开玩笑的苏轼

这天,大文豪苏轼去拜访他的朋友吕微仲。不巧的是,吕微仲此时正在睡午觉。苏轼只好在客厅里坐着等,过了好久,吕微仲才慢悠悠地从房间里走出来。

苏轼四处看了看,忽然发现了吕家鱼缸里的一只绿毛龟,就开玩笑说:"吕大人,你这只乌龟挺普通的,要是六眼龟,那可就值钱了!"

吕微仲一听,好奇地问:"六眼龟?那是什么东西?哪里能找到哇?"苏轼故作严肃地说:"很久以前,在唐庄宗的时候,有个国家给皇帝送了一只六眼龟,那只龟可厉害了,睡一觉能顶别人睡三觉呢!"

吕微仲一听,这才恍然大悟,原来苏轼是在说他贪睡,把他比作那只乌龟了!吕微仲又生气又觉得好笑,要不是因为关系好,他早就翻脸了。

情商演练场

情商小技巧

1 不要拿别人的外貌、家庭情况、学习成绩等敏感话题开玩笑。

快停下，不要拿别人外貌开玩笑。

我不喜欢别人说这件事，请停止。

2 平时多与朋友交流，了解他们的禁忌和界限，避免触碰他们的底线。

如果你开了一个玩笑，却看到朋友的脸色瞬间"晴转多云"，你该怎么办呢？

A. 继续开玩笑，认为他只是太敏感。

B. 立马闭嘴，默默地等他自己想通。

C. 赶紧说声对不起，并解释你没有伤害他的本意。

D. 转移话题，假装什么也没发生。

正确答案：C

答案解析：

立马道歉并解释清楚，是一种情商高的表现！这样不仅能马上化解因为一句玩笑带来的小误会，还能让你的朋友感受到你的关心。人与人之间的关系，就是靠这样的小细节来维护的。

情景小剧场 ★

如果我是他，我可能也会生气的

在一次班级活动中，因为小谷的失误，导致任务没能顺利完成。活动结束后，同组的小智在同学们面前抱怨小谷的失误。小谷听到后，默默地离开了。

回到教室后，小智看到小谷一个人坐在角落里，脸上写满了委屈。小智意识到："如果我是他，在大家面前被这样指责，我也会生气的。"于是，小智走到小谷面前，诚恳地说道："对不起，我不应该当众指责你。其实，任务失败也有我的责任。"小谷听了小智的道歉，心情好多了，两人又重新和好了。

情商小课堂

老师，小智为什么后来会去向小谷道歉呢？

他用到了换位思考这招儿，一下子就体会到了小谷的心情。如果我们能站在别人的角度看问题，就能更好地理解和体谅他人，避免伤害别人的感情。

换位思考？这要怎么学呢？

首先，你得培养同理心，多留心身边人的情绪。其次，每当你想要评价别人或者做决定的时候，先自己想想："如果我是他，我会不会因此而生气呢？"最后，别忘了多听听别人的想法，这样你就能慢慢学会从不同角度审视问题了。

总结

　　换位思考，这可是一种情商高的表现。掌握了这招，你就能更好地体谅和理解别人，把人际关系处理好，进而赢得大家的尊重和信任。

情商故事会

换位思考的赵礼

春秋战国时期，燕国有个叫赵礼的人，他的农田紧挨着一条小路。这条路是个低洼地，每次下雨都会淹水，大家只能踩着他的田地才能通过。赵礼很生气，于是在田头立了块牌子："别踩我的地，不然要罚钱！"可是，大家好像都没看见一样，还是照走不误。赵礼一气之下，在他的田地和那条洼路之间挖了个大沟，想让行人绕道走。可没想到，大家为了避开大沟，反而踩了更多的田地。

后来，赵礼想了想，觉得这样下去不行。他开始站在行人的角度考虑这个问题，意识到谁也不想踩泥泞的小道，更不想故意踩坏别人的田地。于是，赵礼决定把那条洼路修好。他清除了路上的积水，填平了低洼的地方，修出了一条平平整整的小路。从那以后，大家再也不踩他的田地了，赵礼也不用再为田地烦恼了。

与人方便，与己方便。

情商演练场

情商小技巧

每天花几分钟时间,想象自己是身边的某个人,思考他们可能遇到的困难。

如果我是她,我应该会需要帮助。

在家可以通过情景模拟,把自己想象成爸爸妈妈,练习换位思考,增强自己的同理心。

没想到,妈妈平时做家务这么辛苦。

如果你的朋友在进行小组任务时犯了错,导致整个任务的效果打了折扣,你会如何应对呢?

A.直接在大家面前数落他、指责他。
B.保持沉默,不发表任何意见。
C.私下里与朋友沟通,表示理解并一起寻找解决办法。
D.当作没事发生,不理会朋友的感受。

正确答案:C

答案解析:
找个安静的地方,和小伙伴交交心,表示你理解他的难处,再一起想办法解决问题。这种做法,不仅情商高,还能让你们友谊的小船更加稳当。平时多换位思考一下,谁没有失误的时候呢?多体谅对方,才能合作愉快嘛!

情景小剧场

承诺过的事,我就一定会做到

娜娜是班级的文艺委员,几天前,她向小阳承诺,下次班级汇演将为他留一个表演的机会。小阳对此满怀期待,数日来精心准备。然而,在排练之际,同班的小山也表达了强烈的表演愿望,娜娜心中权衡,觉得小山的节目或许更为亮眼。

但娜娜转念一想,已对小阳有诺在先,不可失信。于是,她婉拒了小山,并诚恳地解释原因。小山虽然很失落,却也能体谅娜娜的苦衷。小阳得知演出机会得以保留,对娜娜的守信深表感激。转眼间会演已落幕,小阳的出色表现也赢得了满堂喝彩。

情商小课堂

娜娜为什么就那么坚定地要守住对小阳的承诺呢?

高情商的人,心里都有一杆秤,那就是"说到做到"。守住承诺,不仅仅是对别人的尊重,更是在给自己打造"金字招牌"。

我们怎样才能坚守承诺呢?

首先,要稳重,不要轻易许下诺言。其次,一旦你答应了别人,哪怕有再多的困难,也要咬紧牙关做到。最后,如果真的做不到,那就得赶紧跟对方说清楚,一起想办法解决。

总结

"言必信,行必果"是高情商的表现。这样一来,你就能赢得别人的尊重和信任。

说到做到的商鞅

战国时期,秦国有个人叫商鞅,他想在秦国推行变法,让秦国变得更强大。当时秦国百姓的生活都很不稳定,他们不信任秦国的官员有能力让国家变得强大。

商鞅为了让大家相信他,就在都城南门外放了一根很长的木头,告诉所有人:"谁能把这根木头搬到北门,我就给他十两金子!"

大家听了都不信,觉得这么简单的事怎么可能给那么多金子呢?所以没人尝试。商鞅看到这样,就把赏金加到了五十两。这时,有个勇敢的人站了出来,他扛起木头就走到了北门。商鞅马上给了他五十两金子。

这件事让大家看到了商鞅是个能"说到做到"的人,都开始相信他。之后,商鞅的变法方案在秦国顺利推广。商鞅先后两次变法,奠定了秦国富强的基础。

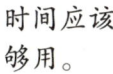

情商小技巧

❶ 在做出承诺前,明确自己的能力和时间,确保能够兑现。

时间应该够用。

对不起,我时间不够,下次再去吧。

❷ 可以根据承诺的重要性和紧急程度,合理安排时间,确保每个承诺都能按时兑现。

如果你答应了同学帮忙完成一个任务,但临时有事不能按时完成,你会怎么做?

A.置之不理,等待同学主动找上门来。

B.立刻向同学坦白,解释原因并一起探讨应对策略。

C.随便编个借口,推卸责任。

D.装作什么都没发生过,假装自己从未承诺过什么。

正确答案:B

答案解析:

当机立断地告诉同学你的实际情况,并一起探讨解决方案,是一种高情商的做法。这种做法不仅表达了你对承诺的尊重,更能巩固你和朋友之间的信任与友情。

情景小剧场 ★

我还没开口，朋友就帮我把问题解决了

小茵作为班长，总是尽职尽责。然而，近段时间她要准备即将到来的数学竞赛，学业压力很大。某天下午，班里需要布置黑板报，这让她倍感焦虑。正当她左右为难之际，好友小翔走了过来，察觉到了她的不安。

小翔主动说："看你这么忙，黑板报的事就由我来帮你搞定吧！"小茵听后满心感激。没过多久，小翔便带领同学们迅速完成了任务。看着精美的黑板报，小茵心中的大石终于落下，她由衷地感叹："小翔真是我的知音，还没等我开口，就会帮我解决烦恼。"

老师,小翔是怎么知道小茵需要帮忙的呢?

这就是高情商的人的本事,他们能从别人的一举一动里,瞧出人家心里想的是什么,然后主动伸出援手。

我们该怎么练就察言观色的本领呢?

首先,你得有双"火眼金睛",时刻留意人家的脸色、动作,还有说话的语气。其次,别忘了多听少说,给别人机会吐露心声。最后,一旦发现人家有什么难处或者不开心,赶紧给个温暖的拥抱,或者伸手帮一把。

　　学会察言观色,你就能更好地理解别人,在他们需要时伸出援助之手进而赢得别人的尊重和信任。

情商故事会

懂得察言观色的解缙

明朝才子解缙,不仅学问好,还很会察言观色,总能在不同的情况下,说出合适的话。有一回,朱元璋让他以后宫妃子生了孩子为题写首诗。解缙马上开始吟诗:"君王昨夜降金龙。"但朱元璋说:"不对,是个女孩儿。"解缙马上改口:"化作仙女下九重。"朱元璋又说:"可惜孩子没了。"解缙马上接下去:"料是人间留不住。"朱元璋最后说:"孩子被放到水里了。"解缙不慌不忙地回道:"翻身跳入水晶宫。"

还有一次,朱元璋和解缙一起去钓鱼。解缙钓到了好几条,朱元璋却一条也没钓到。解缙立刻就感觉到皇帝不高兴了,于是就笑着吟了一首诗:"数尺丝纶落水中,金钩抛去永无踪。凡鱼不敢朝天子,万岁君王只钓龙。"朱元璋听完笑得合不拢嘴,怒气也完全消散了。

情商演练场

情商小技巧

1. 观察他人的面部表情，可以了解他们的情绪状态。

> 她好像有点儿难过。

2. 在交流中，不仅要听对方说什么，还要注意他们说话的语气和语速。

> 她语速有点儿快，应该是挺激动的。

如果你发现自己的好朋友这几天在课堂上显得焦虑不安、心神不宁，你会怎么做？

A. 不理会，继续做自己的事情。

B. 下课后悄悄把他拉到一边，问问他是不是有什么烦心事。

C. 在教室中大声嚷嚷，指出他的焦虑。

D. 自作主张，帮他完成作业。

正确答案：B

答案解析：

下课后找个机会，关心地询问，这才是真正的朋友该做的。这种细心观察和适时伸出援手的行为，不仅展现了你的高情商，还能让你们之间的友谊更加深厚。

第四章

情商高
就是会自知

情景小剧场

在刚刚结束的数学竞赛中,小妍获得了第一名,大家纷纷向她表示祝贺。然而,楠楠却在一旁不屑地说:"如果换作是我,也能拿第一名。"听到这话,原本开心的小妍脸色有些难看,周围的同学们也纷纷皱起了眉头。

课后,楠楠继续在教室里和其他同学讨论,说自己如果参赛,肯定能比小妍做得更好。由于楠楠总是喜欢夸耀自己,贬低同学,所以大家都不再愿意认真听他的意见,慢慢地,同学们对楠楠的态度也越来越冷淡了。

如果换作是我,一定能拿第一名

老师,为什么那些爱吹牛的人总是让人不待见呢?

爱吹牛的人,总是嘴上说自己特别厉害,却什么都不去做,所以会让人觉得他们有点儿假,不够真诚,也不太可靠。

我们该怎样改掉爱吹牛的毛病呢?

首先,你得客观地看待自己,别老是夸大其词。其次,你要学会尊重别人的成就,多给别人一些真心的赞美。最后,别忘了要用实际行动来证明自己,不能光说不练!

总结

要做个情商高的人,就得脚踏实地,尊重别人的努力,用实际行动去赢得别人的尊重和信任,这样才算是有真本事。

纸上谈兵的赵括

赵括自小痴迷兵法，常与人谈兵论战，自称天下无敌，连父亲赵奢也难不倒他。然而，赵奢并不看好儿子。赵括母亲询问原因，赵奢答道："兵法运用是生死之事，赵括却把它说得十分轻巧。若他领兵，必败无疑。"

多年后，秦赵两国交战，赵王任命赵括为将军，希望他能率兵打败秦军。赵括对此信心十足，走马上任后，他擅自更改军规，替换将领，导致军心不稳。秦将白起闻讯，施计诱敌，切断赵军粮道，使赵军陷入困境。赵括虽勇猛，但缺乏实战经验，过分吹嘘自己的能力，只知纸上谈兵，不知灵活应变。最终，赵括率军突围时，被秦军射杀，赵军大败，数十万将士投降后被坑杀。

情商演练场

情商小技巧

1 在评价自己或他人时，要基于事实，避免夸大或贬低。

刚才我是不是太夸张了。

我最近有没有夸张的言语呢？

2 定期反思自己的言行，看看是否有夸大的成分，并及时改正。

如果你看到同学在比赛中获得了第一名，你会怎么做？
A.跳出来大放厥词，说自己要是上场，绝对能更牛。
B.默默地当个旁观者，什么也不说。
C.大方地走上前去，由衷地赞美他的表现。
D.找个机会挑挑刺，显示一下自己比他厉害。

正确答案：C

答案解析：

大大方方地祝贺你的小伙伴，并且毫不吝啬地赞美他们，这才是真正的情商高手！这样，你和小伙伴的友谊会更加深厚。所以，别吝啬你的赞美和掌声，一起为小伙伴们喝彩吧！

情景小剧场 ★

如果不是因为马虎，我一定能考好

期中考试后，小非发现自己的成绩并不理想。于是，他在同学们面前抱怨道："我太马虎了，算错了几道题，不然我一定能考好。"每当有人问起他的成绩，他总是这样解释，试图让别人认为他的能力并没有问题，只是因为一时疏忽才考得不好。

然而，随着时间的推移，小非的成绩依然保持"稳定"，没有进步。大家觉得小非之前的行为只是在为自己的失败找借口，而没有认真反思和改进自己的问题。渐渐地，大家对他的话失去了兴趣，也不再关注他的成绩。

我其实能考好的，就是粗心了。

上次你也是这么说的。

情商小课堂

 老师,小非为什么总是给自己的失败找理由呢?

 他其实是不敢正视自己的失败,所以找各种理由来搪塞。但这样下去,别人会觉得他是个不敢担责,也不愿意改进的人。

 我们遭遇失败时,应该怎么办呢?

首先,应冷静地看待失败,找出问题的真正原因。其次,要好好反思,从这次失败中能学到什么,再制订改进的计划。最后,就是不断努力、实践,让自己变得更强,而不是一味地找借口。

总结

不逃避失败,才是高情商的表现。大胆地面对自己的失败,然后努力去改进,这样才能赢得别人的认可,也能让自己不断进步!

情商故事会

爱找借口的孟获

建兴三年,诸葛亮带领蜀军来到南方中部地区平定叛乱。得知反叛头目孟获在当地很有威望,诸葛亮便打算活捉他,并让他率众臣服。

不久,孟获就成了诸葛亮的俘虏。诸葛亮带他参观汉军的兵营,然后问孟获:"你觉得我们的军队怎么样?"孟获回答说:"我之前不清楚你们的实力,所以才败了。如果再战,我一定能赢!"

诸葛亮知道孟获不服气,于是就放他回去,准备再战。可不论是第几次战斗,结果都是孟获被捉。每次被抓,孟获都为自己找借口,就是不愿承认自己的失败。当第七次被捉到时,他终于心悦诚服地说:"汉军真是太强大了,我们再也不敢反叛了。"这一刻,他接受了失败。而诸葛亮也继续前进,最终成功平定了南方。

情商演练场

情商小技巧

1. 每天记录自己的行为，尤其是遇到失败时的表现，然后好好反思一下。

我要好好反思自己的错误。

2. 如果自己找不到原因，可以向老师、家长或朋友寻求帮助，了解自己哪些方面可以改进。

这次是我太粗心了。

如果你在一次考试中成绩不理想，你会怎么做？
A.抱怨自己马虎，给自己个台阶下。
B.什么也不说，成绩好坏都无所谓。
C.好好琢磨琢磨原因，然后制订改进的计划。
D.责怪考试题目太难，不愿再努力。

正确答案：C

答案解析：

能静下心来分析考试中的小错误，再给自己定个进步的小目标，这才是正确的做法。勇敢面对失败，然后努力变得更好，这样才能让别人对你竖起大拇指，也能让自己越来越棒！

情景小剧场 ★

主动说"对不起",太让人难堪了

莉莉和小方是好朋友,有一天,他们在操场上玩耍时,莉莉不小心把小方的书包弄脏了。小方很生气,责怪莉莉不该这样不小心。莉莉知道是自己的错,但她觉得在大家面前道歉太难堪了,所以选择默不作声。

小方越想越气,觉得莉莉根本不在乎他的感受。其他同学看到这一幕,也觉得莉莉不讲道理。渐渐地,大家都开始疏远莉莉,不再愿意和她一起玩。莉莉感觉到自己被孤立了,心里非常难过,但她还是没有勇气主动道歉,只希望这件事能快点儿过去。

情商小课堂

老师，为什么莉莉就是不愿意道歉呢？

莉莉可能觉得在大家面前低头认错太尴尬了，怕丢了面子。其实，大大方方地道歉，才是一种高情商的表现。

那我们遇到这种事，应该怎么办呢？

如果你觉得当着大家的面说"对不起"有点儿难为情，那就找个安静的地方，私下里跟你的朋友好好道个歉。别忘了，道歉之后还得用实际行动来证明你真的知道错了，下次不会再犯同样的错误啦！

总结

勇敢地面对自己的错误，真心实意地道歉，然后努力去改正，这样才能赢得别人的尊重和信任。

主动道歉的曾国藩

左宗棠和曾国藩都是晚清重臣。左宗棠很聪明,但他的官运一直不顺。曾国藩虽然考试考不好,却很快升了大官。这让左宗棠很不开心。

一次,左宗棠针对曾国藩的作为说了很多坏话。曾国藩知道后非常生气,决定不再理睬左宗棠。但曾国藩知道左宗棠很有本事,自己不应该因为私人感情就埋没了一个人才。所以他决定去找左宗棠和好。

曾国藩一个人到左宗棠家,诚恳地向左宗棠道歉,说自己以前也有不对的地方,还谢谢左宗棠一直以来的支持。左宗棠听了曾国藩的话,心里舒服多了。他也觉得自己有错,并答应以后会全力帮助曾国藩。两人的关系就这样慢慢变好了。这次见面,也让两人的关系破冰,为他们以后的合作打下了基础。

情商演练场

情商·小·技巧

❶ 在道歉时，可以解释事情的经过，表达自己不是故意的，但不要试图为自己开脱。

> 对不起，但这不是我的本意。

> 之前是我不对，请你原谅。

❷ 道歉后，最好提出具体的补救措施，以表示你愿意改正。

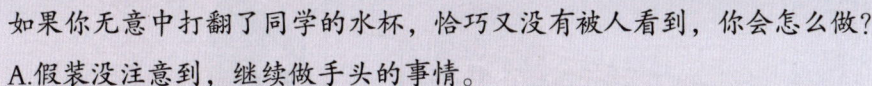

如果你无意中打翻了同学的水杯，恰巧又没有被人看到，你会怎么做？
A.假装没注意到，继续做手头的事情。
B.保持沉默，不选择道歉。
C.立刻向同学道歉，并主动帮忙清理。
D.指责同学放置水杯的位置不当。

正确答案：C

答案解析：
及时道歉并积极采取措施弥补，能够赢得他人的谅解和好感。这样做不仅体现了你的高情商，也有助于维护和增强你与同学之间的友谊。

情景小剧场

叶子是班里的文艺委员,她在唱歌方面很有天赋,但在舞蹈方面却总觉得力不从心。每次班里排练文艺节目,她都会认真地练习舞蹈,希望能跟上其他同学的步伐。

在一次排练中,叶子发现同学们对她的舞蹈编排不太满意,便认真听取大家的意见,并请擅长舞蹈的老师来指导她和其他同学。她谦虚地说:"我知道自己在舞蹈上还有很多不足,但我会努力改进,希望大家多多包涵。"

经过一段时间的努力,叶子的舞蹈得到了同学们的认可,大家纷纷夸奖她的努力和进步。

我知道自己不完美,所以才要更努力

是这样吗?

没错,你进步好快呀。

 老师，叶子为什么能赢得大家的尊重呢？

 因为她有一个"超级能力"，就是清晰的自我认知。她能明确地知道自己的不足，并且愿意努力去改进。

 我们怎样才能做到像叶子一样有清晰的自我认知呢？

首先，你得客观地看待自己，知道自己的闪光点和需要改进的地方，接受"自己不是完美的"这个事实。其次，你要找出自己的不足，并制订一个改进的小计划。最后，就是勇往直前，通过努力来不断提升自己！

想成为情商高手，就得像叶子一样，拥有清晰的自我认知，正视自己的长处和短处，再积极地改进和提升。

有自知之明的邹忌

春秋战国时期,齐国有个美男子,名叫邹忌。有一天,他站在镜子前,觉得自己长得很英俊!于是便问妻子:"我和城北的徐公,谁更帅呀?"城北徐公是当时大家公认的美男子,但邹忌的妻子却笑眯眯地说:"当然是你比徐公还要帅啦!"邹忌有点儿不信,又跑去问自己的小妾,小妾也连连点头:"你比徐公帅多了。"刚好有客人来访,邹忌又顺口问了客人,客人也是这么说的。可是,第二天,当城北的徐公来访时,邹忌仔细一比较,发现徐公其实更帅一些。

这让邹忌开始琢磨:为什么大家都说我比徐公帅呢?他想啊想,终于明白了:妻子是因为太爱我了,所以觉得我最帅;小妾可能是有点儿怕我,想讨好我,所以说我帅;而那个客人,估计是有事想求我帮忙,所以也夸我帅。

大家都夸我比徐公帅,但其实徐公更帅。

情商演练场

情商小技巧

1. 每天抽出时间反省自己一天的行为表现,找到自己的优点和不足。

我今天有点儿太冒失了。

2. 如果你的沟通能力不强,可以试着每天与不同的人交流,逐步提高自己的沟通能力。

多跟人说话,就能提高沟通能力了。

如果你发现自己在某个方面存在不足,你会怎么做?

A.选择性忽视,不做任何改变。

B.找个小借口,但不太想深挖问题。

C.积极反思,制订改进计划,并坚持努力。

D.觉得自己就这样了,没有太多改变的动力。

正确答案:C

答案解析:

积极面对问题,敢于反思和改进,这样不仅能提升自己,还能让别人对你刮目相看。

情景小剧场

这件事是我错了，下次一定不会再犯错

小树在一次班级活动中负责为大家分配工作。他把工作分配好后，自以为一切都会顺利进行。然而，由于小树的疏忽，有几项关键工作没有落实到位，导致活动进行得并不顺利。

面对大家的指责，小树没有找借口推卸责任，而是诚恳地说道："这件事是我错了，我在工作分配上没有考虑周全，导致大家的努力没有得到应有的成果。我会总结经验，下次一定不会再犯同样的错误。"

小树的诚恳态度赢得了同学们的理解和尊重，大家都表示愿意继续支持他。

 老师，怎么大家这么轻易就原谅小树了呢？

因为他一看出错了，立马就站出来承认错误，还说要好好改正。大家看他这么诚恳，自然也就愿意再给他个机会，继续支持他啦！

 那我们是不是也该像小树那样勇敢地承认错误呢？

没错！犯错之后，要鼓起勇气直面自己的错误，千万别找借口逃避。然后，要静下心来好好想想，为什么会犯错，怎样才能避免再犯。最后，就是要付诸行动，努力改正。

总结

　　能主动承认错误，是高情商的表现。只要我们敢于主动承认错误，努力改进，别人自然会尊重我们，信任我们。

知错能改的周处

从前,有个叫周处的年轻人,总是欺负乡里人。于是,大家就把村子里的周处、河里的蛟龙和山上的老虎称为"三害"。为了除掉这"三害",村民们想了个主意,他们鼓励周处去杀蛟龙和老虎,让"三害"自相残杀。

周处听后,上山杀了老虎,又跳进河里去找蛟龙。三天后,大家以为"三害"都没了,非常开心。但就在这时,周处杀了蛟龙回来了。他这才知道,原来自己在村里名声这么差。他感到很后悔,决定要改变自己。

于是,周处找到学者陆云,告诉他自己的想法,但又担心自己年纪大了,改不了。陆云鼓励他说:"只要你有决心,什么时候开始改变都不晚。"

听了陆云的话,周处决定要做一个好人,后来通过努力他果真成了一个非常有名的大臣。

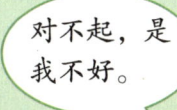

1 当发现自己犯了错误时,不要拖延,立即承认错误并道歉,事后再分析原因。

"对不起,是我不好。"

"还好提前做好了准备。"

2 开展活动或任务之前,提前找出容易犯错的地方,开展的时候加倍注意。

如果你在一项重要活动中迟到,影响了活动的顺利进行,你应该怎么做?

A.尝试找个合理的理由来解释自己的迟到。

B.安静地找个位置坐下,避免引人注目。

C.坦率地承认错误,并向大家表示歉意。

D.找其他人来承担责任,说是他们的失误。

正确答案:C

答案解析:

主动承认错误,再想个补救的办法,这才是高情商的表现。这样不仅能挽回一些颜面,还能让别人觉得你是个有担当的人。

第五章

情商高 就是会自控

情景小剧场 ★

一遇到不顺心的事，我就会发脾气

小雨是一位热爱画画儿的学生，每次美术课，她总是全身心投入。然而，有一天，她在画一幅重要的作品时，不小心打翻了颜料，弄脏了画布。小雨瞬间感到一股怒火涌上心头，她大声责骂自己，甚至把画笔摔在地上。看到这一幕，其他同学都不敢靠近她。

美术老师注意到了小雨的情绪，她走过去，轻轻地拍了拍小雨的肩膀，说了些安慰她的话。小雨听了老师的话，虽然还是有些沮丧，但也逐渐冷静下来，开始和老师一起研究如何把弄脏的画布改造成一幅新的画作。

情商小课堂

老师，小雨怎么像火山爆发一样，突然就发飙了呢？

小雨突然"火山喷发"，其实是因为她碰到了一个不小的挫折，而且她还没学会怎么控制自己的情绪。

我们该怎么控制自己的情绪呢？

首先，你得认清自己，知道自己什么时候容易闹情绪。其次，当遇到烦心事，你可以试试深呼吸、想想别的事情，让心情慢慢平静下来。最后，等心情平静了，再理智地反思一下，避免下次再出现同样的问题。

总结

无论遇到什么情况，都能保持乐观、冷静，那我们就能更好地与人相处，遇到困难也能勇敢面对，这样的我们会变得越来越优秀。

情商故事会

能屈能伸的韩信

韩信小时候就没了父母，生活非常艰苦，经常被人看不起。有一次，一个身材魁梧的屠夫看到韩信身上佩带着剑，觉得他可能是个胆小鬼，就想欺负他。他当众对韩信说："你要么从我胯下钻过去，要么就把我杀了。"韩信知道自己打不过他，即使将他杀了，自己也会被官府捉拿，所以就忍气吞声地选择了从屠夫的胯下钻过去。

围观的人都笑话韩信，觉得他太软弱了。但韩信没把这些嘲笑放在心上，淡定地走开了。他知道，现在控制住情绪，受一点儿委屈没关系，以后自己一定会做出一番事业来。

很多年后，韩信进入了刘邦的军队，因为出色的军事才能，被提拔成为大将军。他带领军队打了很多胜仗，立下了赫赫战功，最后，他被刘邦封为大将军。

情商演练场

情商小技巧

1 当你感到心跳加快、呼吸急促时,可能是愤怒情绪在上升。

不行,我得冷静。

2 把注意力从让你生气的事情上转移开,做一些能让自己放松的事情,可以缓解情绪波动。

转移一下注意力吧。

如果你正焦急地排着队等待上车,突然遇到有人插队,你会怎么做?

A. 直接表达不满,让对方知道插队不对。

B. 虽然不满,但还是选择保持沉默。

C. 向周围人抱怨,希望他们一起谴责对方。

D. 平静地提醒对方,大家都在排队,请他也排队。

正确答案:D

答案解析:

选择冷静应对,并礼貌地提醒对方。这样的你,不仅显得情商满满,还能轻松化解尴尬,赢得周围人赞许的目光。

情景小剧场 ★

朋友总是抱怨，我真替他担心

　　小宇这个人什么都好，就是有一个小问题，那就是爱抱怨。不论是作业多，还是天气不好，小宇总能找到抱怨的理由。同学们一开始还会安慰他，但渐渐地，大家发现小宇的抱怨越来越多，就没有人愿意再安慰他了。

　　有一次，班里组织了一次户外活动，小宇因为天气太热又开始抱怨："真是倒霉，为什么每次活动天气都这么糟糕！"同学们听了，都没有理他。小宇反而变本加厉，又开始抱怨起活动来，一时间，大家都离他远远的，没有人再愿意跟他说话了。

情商小课堂

老师,为什么小宇经常抱怨会让大家远离他呢?

因为抱怨不仅解决不了问题,还会像个黑洞一样,把周围人的快乐都吸走,让人感觉压抑得很,所以大家才会远离他。

我们应该怎样避免经常抱怨呢?

首先,你要学会自我反思,看看自己是否有抱怨的习惯。其次,试着把抱怨的话换成积极的语言,寻找解决问题的办法。最后,别忘了多看看生活中阳光美好的一面,这样你自然就变得乐观啦!

总结

尽量减少抱怨,遇到问题积极想办法解决,保持乐观向上的心态,这样才能提高我们的情商,让自己更受欢迎,也能更好地应对生活中的各种挑战。

爱抱怨的小和尚

有个老和尚,他有个弟子老是抱怨个不停。老和尚想要开导他一番,就给弟子布置了一个任务,让他去集市买一袋盐回来。

盐买回来后,老和尚让弟子抓了一把盐放进一杯水里,等盐化了,就喝一大口。弟子照做了,然后苦着脸说:"哎呀,咸得我都受不了了!"

接着,老和尚带弟子去了湖边,让他把剩下的盐都撒到湖里,然后尝尝湖水。弟子尝了尝,老和尚问:"怎么样,什么味儿?"

"挺甜的。"弟子说。

"那咸味呢?"老和尚追问。

"没尝出来。"弟子回答说。

老和尚笑了笑,解释说:"生活中的烦恼就像这盐,如果都堆在心里,就会觉得特别难受。但如果我们的心能像这湖水一样宽广,那烦恼就像盐撒进湖里,几乎就感觉不到了。"

弟子好像明白了什么,之后就不再抱怨了。

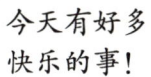

情商·小技巧

❶ 每天记录三件让自己感到快乐的事,培养积极、乐观的心态。

今天有好多快乐的事!

我还有事,先走了呀。

❷ 尽量避免长时间与喜欢抱怨的人在一起,保持自己的积极心态。

如果你的朋友总是抱怨,你会怎么做?

A.跟他一起抱怨,同仇敌忾。

B.沉默是金,但心里其实已经烦得要命。

C.给小伙伴指条明路,让他从积极的角度去审视问题。

D.大声斥责他不该抱怨,告诉他这样做很招人反感。

正确答案:C

答案解析:

引导你的朋友,用一双发现美的眼睛去看待生活中的种种。这样做不仅能帮助他减少无谓的抱怨,还能让他的心态变得更加阳光。而且,在这个过程中,你也能提升解决问题的能力。

情景小剧场

我不想失去朋友，所以从不拒绝别人

珊珊是班里出了名的"大好人"，不论谁找她帮忙，她都会毫不犹豫地答应。无论是借笔记、做课外辅导，还是帮忙完成班级任务，珊珊总是有求必应。她担心如果拒绝了别人，大家会不喜欢她，不再和她做朋友。

然而，长期的无条件付出让珊珊疲惫不堪。有一次，她本来需要准备重要的考试，但同学丹丹找她帮忙完成手工作业。珊珊不忍心拒绝，只好放弃复习，帮丹丹完成作业。结果，珊珊考试成绩不理想，她心里非常难过。

珊珊为什么总像个"好好先生",不敢跟别人说"不"呢?

因为她担心一旦拒绝别人,朋友们就会离她而去,怕大家不再喜欢她。其实,懂得拒绝才是高情商的表现。

我们要怎样能学会拒绝呢?

首先,你得清楚自己的重心在哪里,知道哪些事是绝对不能妥协的。其次,要用既礼貌又坚定的态度说出你的决定。拒绝别人不必感到内疚,这也是对自己的一种尊重和保护。

总结

　　合理地拒绝别人,能帮你更好地安排时间和精力,还能让别人更加尊重和理解你。试试看,说不定你会发现新的自己呢!

懂得拒绝的庄子

这天，庄子正在河边钓鱼，突然，两个人走了过来，对庄子说："楚王想请您去做官。"

庄子并不想当官，但直接拒绝，又怕不太礼貌。于是，他想了想说："楚国曾经有一只非常神奇的乌龟，它已经死了三千多年了。但楚王还是很尊敬它，把它放在一个精美的竹篮子里，还盖上了华丽的丝巾，供奉在庙堂的最高处。"

庄子看两位使者听得出神，就继续说："但你们说，对于那只乌龟来说，是死后被当作宝贝供奉在庙堂上好，还是活着的时候在泥潭里自由自在地游泳、摇头摆尾更好呢？"

两位使者立刻异口同声地回答："那肯定是活着在泥潭里自由自在地游泳好哇！"

庄子听后笑了笑，说："我也选择继续在泥潭里摇头摆尾，过我自由的生活。请转告楚王，多谢他的好意。"

情商演练场

情商小·技巧

1. 为自己设定一个底线,超出这个底线的请求,你可以通通拒绝。

不好意思,你问问别人吧。

2. 如果不好意思直接拒绝,可以给对方提供一些替代方案,表示你的善意。

要不,你试试用铅笔?

如果你的朋友经常找你帮忙,而你自己也很忙,你会怎么做?

A.来者不拒,哪怕忙得团团转也硬着头皮上。
B.虽然满口答应,但帮忙时却敷衍了事。
C.礼貌而坚定地拒绝,并提供其他解决办法。
D.一口回绝,顺便警告他别再烦你。

正确答案:C

答案解析:

礼貌而坚定地拒绝,并提供其他解决办法。这样既表达了你的难处,又给了小伙伴实用的建议,是一种两全其美的做法。

情景小剧场 ★

学习目标达成，可以跟爸爸去博物馆了

开学初，小磊和爸爸一起制订了学习目标：语文成绩提高到90分以上，数学成绩保持在85分以上，每天完成家庭作业并复习当天所学内容。只要达成这些目标，爸爸就答应带小磊去博物馆。为此，小磊每天都认真学习。遇到困难时，小磊还会向老师和同学请教。

一个学期过去了，小磊的语文成绩达到了92分，数学也保持在了88分。他兴奋地告诉爸爸："我的目标达成了，我们可以去博物馆了！"爸爸看到小磊的进步，非常欣慰，带着他一起去了博物馆。

老师，小磊为什么能顺利达到他的学习目标？

这是因为他掌握了目标管理的诀窍。情商高手们都会给自己设定清晰的目标，然后一步步执行计划，稳稳地走向成功。

我们也能学会目标管理吗？

当然！首先，你要给自己定一个具体、可以衡量的目标。其次，做个详细的计划，比如每天该学点儿什么，时间怎么分配。最后，别忘了时不时地检查一下进度，调整一下计划，这样你就能离目标越来越近啦！

总结

有了明确的目标，再加上周密的计划，我们就能更好地规划自己的时间和精力，一步步走向成功！

情商故事会

努力完成目标的愚公

相传，在巍峨的太行山和王屋山之间，住着一位名叫愚公的老人。因大山阻隔，出行极为不便，愚公便决心挖山修路，方便村民出行。尽管有人嘲笑他不自量力，但他却毫不动摇，坚信只要子子孙孙不停地努力，终有一天能移走这两座大山。

愚公带领家人开始了艰苦的挖山工作，他们不畏艰难，日复一日地努力着。他们的行动感动了山神，山神将此事上报天帝。天帝听闻愚公的事迹，被他的毅力和决心打动，于是命令大力神帮助愚公移走了这两座大山。

从此，太行山和王屋山之间道路畅通无阻，村民们再也不用为出行而发愁。愚公的事迹也被传为佳话，激励着后人勇往直前。

情商演练场

情商小技巧

1 制订的目标应该具体、可量化，并且有时间限制。

按照计划做就可以了。

今天的任务应该都完成了。

2 不要制订长期目标，要学会将长期目标分解为每日或每周的计划。

如果你设定了一个学习目标，但在执行过程中遇到了困难，你会怎么做？

A. 放弃目标，认为自己做不到。

B. 继续努力，但不调整计划。

C. 停下来分析困难，寻求他人帮助。

D. 抱怨目标太难实现，不再坚持。

正确答案：C

答案解析：

在面对难关时，要冷静思考，分析问题，并主动找别人帮忙。有了明确的目标，再有应对困难的决心，那么实现目标就是水到渠成的事情。

情景小剧场 ★

班长很少说话，却总在关键时刻做决定

班长小李平时话不多，但同学们都很尊敬他。每次班里开会时，他总是安静地听大家发言，很少主动发表意见，但在关键时刻却总能做出明智的决定。

一次，学校组织运动会，各班要选出运动员代表。大家讨论了很久，也没能达成一致意见。眼看报名截止日期临近，大家开始焦躁起来。这时小李站了起来，冷静地分析了比赛项目和各个同学的优势，提出了一份详细的运动员名单。经过讨论，大家很快同意了这份名单，最终班级在运动会上取得了好成绩。

情商小课堂

 老师，为什么小李平时话不多，每到紧要关头都会做决定呢？

 这是因为他心里明白，每个人都有说话的权利，他不想抢占别人的风头。但到了关键时刻，他总能果断做决定，这就是有担当的表现。

 我也想成为小李那样的人，具体该怎么做呢？

要想成为像小李那样的人，首先要学会真心去倾听别人的声音。其次，要有自己的主见，不能别人说什么就是什么。最后，到了紧要关头，得拿出勇气来做决定，还要有本事把问题解决好。

总结

有主见但又不轻易表露，这是情商高的表现。多听多想，关键时刻才能稳、准、狠地做决定！

情商故事会

没主见的父子

有一对父子买了一头毛驴。父亲怕儿子走得太累,就让儿子骑到驴背上。有人看到后说:"这小孩儿真不懂事,自己骑驴让父亲走路。"听到这话,儿子赶快跳下来,把驴让给了父亲。但没过多久,又有人说:"这个父亲怎么这样,自己骑驴却让孩子走路。"于是,父子俩只好都走路,谁也不骑驴了。

不一会儿,又有人说:"这父子俩真笨,有驴不骑,偏偏自己走。"父亲一着急,就拉着儿子一起骑上了驴。但立刻有人大喊:"这父子俩太残忍了,都骑在驴身上,不心疼驴吗?"

这下,父子俩真的不知道该怎么办了。最后,他们决定把驴腿绑起来,用棍子抬着驴回家。可是又有人笑着说:"这俩人真是奇怪,有驴不骑,抬着走!"父子俩没有主见,想让每个人都满意,结果却弄得自己很困扰。

情商演练场

情商小技巧

1 在讨论中先听完他人的发言,再表达自己的看法。

谢谢分享,我也发表一下我的看法。

2 发表意见前一定要经过深思熟虑,不能张口就来。

嗯,这个办法很完善了。

如果在班级讨论时,大家意见不统一,你会怎么做?
A.大声发表自己的意见,争取让大家都听从自己的想法。
B.默不作声,等待大家解决问题。
C.倾听每个人的意见,综合大家的观点后提出解决方案。
D.随便附和别人的意见,不发表自己的看法。

正确答案:C

答案解析:

通过倾听和分析,我们可以在关键时刻做出明智的决定,赢得他人的尊重和信任。